我杀气腾腾

[法]让-巴蒂斯特·德帕纳菲厄　著
[法]邦雅曼·勒福尔　[法]露西·里奥兰　绘
时征　译

中信出版集团 | 北京

图书在版编目（CIP）数据

我杀气腾腾 /（法）让 - 巴蒂斯特·德帕纳菲厄著；
（法）邦雅曼·勒福尔,（法）露西·里奥兰绘；时征译
. -- 北京：中信出版社，2021.1
（哈哈哈哈！它们古怪又搞笑）
ISBN 978-7-5217-2558-2

Ⅰ.①我… Ⅱ.①让… ②邦… ③露… ④时… Ⅲ.
①动物 - 少儿读物 Ⅳ.① Q95-49

中国版本图书馆 CIP 数据核字 (2020) 第 247529 号

我杀气腾腾
（哈哈哈哈！它们古怪又搞笑）

著　者：[法]让 - 巴蒂斯特·德帕纳菲厄
绘　者：[法]邦雅曼·勒福尔　[法]露西·里奥兰
译　者：时征
出版发行：中信出版集团股份有限公司
　　　　（北京市朝阳区惠新东街甲4号富盛大厦2座　邮编　100029）
承　印　者：北京尚唐印刷包装有限公司

开　本：889mm×1194mm　1/16　　印　张：5　　字　数：150千字
版　次：2021 年 1 月第 1 版　　印　次：2021 年 1 月第 1 次印刷
京权图字：01-2019-4369
书　号：ISBN 978-7-5217-2558-2
定　价：28.00 元

目录

万物共享一个地球

　　人类与数百万种其他生物共同生活在地球上，共享一个地球。动物们每天的生活是：寻找并吃掉猎物，还要避免自己被捕食者吃掉。在进化的过程中，它们拥有了各种各样用来进攻或防御的武器。没有哪种动物是"邪恶"的，但也没有哪种是"善良"的！它们只是单纯地生活着，过着属于它们自己的日子。

　　人类在日常生活中，经常从自己的角度给这些动物贴标签：野生或是家养，身材娇小或是体形庞大（甚至是危险的），等等，不一而足。有些小不点儿可能会叮我们、蜇我们或者寄生在我们身上；有些大家伙可能会撞翻我们或是咬伤我们；有些不速之客可能会撞在我们的飞机或汽车上；还有些甚至可能会把我们吃掉——当然这种情况并不常见——不过我们很喜欢讲述这类故事来自己吓唬自己。

　　事实上，只有当我们侵犯了这些动物的领地，它们感觉受到了威胁时，才会用自己的方式做出反应，它们所做的这一切只是为了自我保护，或者是它们以为有新鲜可口的猎物自己送上门来了！所以，我们要多加小心：在花园里，我们要当心别惹黄蜂；在山上，我们要注意别踩到蛇；在热带海洋里，我们要留神鲨鱼；而在大草原上，我们最好不要随便散步，以免变成狮子的盘中餐。

　　我们幻想过，也许在未来的世界中，我们可以无忧无虑地生活，只要把那些危险的、我们不喜欢的和让我们感到害怕的动物都消灭掉就好了。但那将会是一个沉闷而毫无生气的世界，是一个令人感到悲伤的世界，因为这些动物都是维持大自然平衡的重要成员。事实上，事故、犯罪和战争等人类之间的冲突和纷争，才是我们生活中最主要的危险来源！

蜇人的动物

无论是地上跑的、天上飞的，还是水里游的，这些蜇人的动物简直就是一群活着的注射器！它们都会使出一个绝招，方法很简单：在别人身上钻个孔，然后向里面注射毒液。而它们的目的也很明确：寻找并吃掉食物，但不要变成别人的食物！

黄边胡蜂

动物学分类: 昆虫纲膜翅目胡蜂科

地域分布: 欧洲和亚洲的温带地区，后来被引入北美洲

生存环境: 在枯树、墙壁或房梁上筑巢

体长: 工蜂可达到25毫米，蜂王可达到35毫米

寿命: 几个月

人类受害者: 每年有数人因此丧命

　　黄边胡蜂为群居性昆虫，每个蜂群可达数百只个体。它们会将口器咀嚼后的朽木及纸张等糊状纤维物质收集起来，搭建一种"纸板材质"的蜂巢。和其他胡蜂一样，蜂王产卵后，由工蜂负责照看。黄边胡蜂与普通胡蜂看起来很像，但个头却约是后者的两倍，是欧洲最大的胡蜂。它们尾部长有一枚与毒液囊相连的毒针。在捕食的时候，它们会用毒针把毒液注射进它们捕获的昆虫体内，使这些可怜的牺牲品麻痹不动，以便自己可以静静享用。

有关它们的名字，你还应知道的……

黄边胡蜂，也叫欧洲胡蜂，学名*Vespa crabro*，在拉丁语中是"大个儿的胡蜂"的意思。

4

◀ 它们为什么要这么做？

　　胡蜂（如黄边胡蜂）、蜜蜂……在法国，这些家伙每年会夺去15条左右的人命。不过，这主要是因受害者体内的某种强烈应激反应而造成的，也就是我们所说的过敏现象。事实上，在每100个人当中，平均有两个人会对蜂毒产生过敏反应，因此轻轻的蜇刺也能致命。在这些家伙当中，黄边胡蜂还不是最危险的。在被它们蜇过的人里，大约每150例才会出现一起死亡事故，而被蜜蜂蜇过的人当中，平均每40例就会有一个人不幸离世。

它们真的是罪魁祸首吗？ ▶

　　黄边胡蜂除了保护蜂巢或自卫外，攻击性并不强，不过它们的大块头、惊人的飞行速度以及扇动翅膀发出的巨大嗡嗡声，往往会让人们生畏。它们只有在受到突然惊吓、感觉安全遭受威胁的时候，才会使用螫针。记住：一定要离蜂群远一点儿，因为每个蜂群都由上百只个体组成。如果我们靠近建在墙上或树上的蜂巢，或者就在蜂巢附近干掉了一只胡蜂的话，那被蜇的危险系数就会大大增大。胡蜂会为了保护蜂巢倾巢而动，而死去的胡蜂则会散发出一种特殊的气味，把蜂群中的其他工蜂都吸引出来。

你知道吗？

欧洲的那些致命的动物

　　在欧洲，有些野生动物看起来很危险，比如熊或狼之类的猛兽，但事实上我们很少会碰到它们！而与此不同的是，像胡蜂（如黄边胡蜂）、蜜蜂这些膜翅目动物却很常见。它们才是全欧洲最危险的动物之一，被它们蜇一下，轻则红肿，重则丧命！不过，如果只考虑蜇伤的数量和严重程度，其实它们也远没有那么可怕。

按蚊

全世界的蚊子主要有按蚊、库蚊和伊蚊三大类。按蚊是一种主要生活在热带地区的蚊子，它们看起来与库蚊（欧洲的蚊子）很像。不过，当它们落下时，身体姿态与着落面呈倾斜的角度，而不像普通蚊子的一样是平行的。雌蚊会把卵产在水中，幼虫（孑孓）在完全变态前的数天内可以从水中得到必要的营养。成年按蚊能够存活好几个星期。雄蚊吸食花果汁液；雌蚊在繁殖期为了保证蚊卵的正常发育会吸食人畜的血液，并能传播多种疾病。

动物学分类：昆虫纲双翅目蚊科

地域分布：热带非洲

生存环境：居民区

体长：约6毫米

寿命：几个星期

人类受害者：每年超过60万人因此丧命

有关它们的名字，你还应知道的……

冈比亚疟蚊是按蚊中较著名的一种，学名*Anopheles gambiae*，在希腊语中是"冈比亚的害虫"的意思。

你胳膊上有一只大蚊子!

吸溜——

◄ 它们为什么要这么做?

按蚊是一种微生物携带者,在动物学中也被称作媒介。当它们叮咬某人的时候,就会把前一个人血液中的微生物传到他体内。按蚊是疟疾盛行的罪魁祸首,还能传播丝虫病和流行性乙型脑炎等疾病。在2012年,它们在全世界范围内造成了大约60万人的死亡,其中很多都是不满5岁的孩子。

它们真的是罪魁祸首吗? ►

要是真的需要确认一个元凶的话,那应该是微生物! 就拿疟疾来说,它的病原体是一种叫疟原虫的单细胞微生物。还有一些其他蚊子会传播黄热病、登革热或基孔肯雅热等病毒,让上亿人感染这些疾病。即便是我们家中常见的普通蚊子,也会传播脑膜炎或西尼罗河热等疾病。所以说,蚊子真的是世界上最危险的动物之一!

我这么做,也是为了我的孩子……

你知道吗?

我终于消灭了这些该死的蚊子!

灭蚊行动

蚊子会引发疟疾等各种传染病,为了从根本上加以控制,人们尝试使用杀虫剂来消灭它们。然而这些杀虫剂本身都含有毒性,对人类和很多动物都有害。除此之外,还有一种常用的生物化学方法:人们针对相应的蚊子品种来培养不具备繁殖能力的雄性蚊子,然后把它们大量投放到这些蚊子出没的地方。雌蚊与雄蚊交配之后,蚊卵无法受精发育,蚊子的数量因此得到控制。

舌蝇

舌蝇靠吸血为生，主要分布在非洲大陆。它们拥有坚硬而尖利的口器，可以刺破受害者的皮肤来吸取血液。它们的口器十分尖利，向前水平伸出，很容易辨认。全世界一共有50多种舌蝇，它们都以吸取人类或牲畜的血液为生。

动物学分类: 昆虫纲双翅目舌蝇科

地域分布: 热带非洲

生存环境: 种类不同，生活环境差异很大

体长: 7~15毫米

寿命: 1~3个月

人类受害者: 每年大约9000人因此丧命

有关它们的名字，你还应知道的……

舌蝇，学名*Glossina palpalis*，在希腊语中是"小舌头"的意思，也叫采采蝇，这个名字是源于它们飞行时发出的声音。

它们为什么要这么做？

当舌蝇叮咬人类或牲畜的时候，会传染一种叫锥虫的微生物，这种寄生虫是"昏睡病"的罪魁祸首。整个非洲大陆上有1/3的地区都受到这种疾病的危害，每年染病的人口能达到3万人。锥虫会引起神经系统紊乱，并扰乱人类正常的睡眠体系。当症状出现时，整个神经系统其实已经被感染了。如果不及时治疗，这种病是致命的，一般在感染后两年左右死亡。

它们真的是罪魁祸首吗？

和按蚊一样，舌蝇也是一种动物媒介。也就是说，它们也是把微生物从一个宿主传送到另一个宿主的携带者。在感染初期，昏睡病病症表现为其他疾病的症状，因此不容易确诊。大量患病者没有得到很好的治疗和照顾，于是变成了为舌蝇提供锥虫的"仓库"。就像对付蚊子一样，人们也希望消灭这些讨厌的苍蝇，比如喷洒农药、杀灭舌蝇吸过血的牲畜等，但效果都不太显著。

你知道吗？

具有保护效果的斑纹

在大草原上寻找吸血目标时，舌蝇很容易发现浅色背景下衬托的大块暗色斑纹，比如角马或水牛的皮肤。舌蝇携带的微生物也会让角马或水牛感染昏睡病。有意思的是，这些苍蝇却不怎么能辨认斑马身上的黑白斑纹，所以很少叮咬它们。看起来，这些斑马身上的斑纹是一种出色的防蝇伪装！

黄肥尾蝎

黄肥尾蝎生活在沙漠地区,它们往往藏身于石块下面或缝隙之中,有时候也会出现在居民楼的墙缝里面。黄肥尾蝎会利用螯肢来捕捉猎物,如果猎物剧烈反抗,它们就用尾部的螯针给这些可怜虫注射致命的毒液,让后者安静下来。雌蝎每年会生育数十只幼蝎,这些小蝎子将在母亲的背上待满三个星期,并能得到较好的保护。

动物学分类: 蛛形纲蝎目钳蝎科

地域分布: 北非地区,从埃及到阿尔及利亚等地

生存环境: 沙漠地区

体长: 约11厘米

食物: 大型昆虫

寿命: 雄蝎约为1年,雌蝎约为3年

人类受害者: 每年大约数十人因此丧命

有关它们的名字,你还应知道的……

黄肥尾蝎,学名*Androctonus australis*,意思是"南方杀人蝎"。

黄肥尾蝎经常出没于人类居住的地方，因此每年也会造成很多起蜇人伤人事故。它们的毒性非常强，会使人产生强烈的疼痛感，还会损害神经系统和心脏。曾经，每三个被它蜇过的人当中就有一个会丧命，尤其是病人或孩子、老人。如今，在突尼斯，每年大约有4万人不幸被黄肥尾蝎蜇到，其中50人左右会失去生命。在法国，朗格多克蝎子也具有很强的毒性，不过伤人的事则比较少见。

它们真的是罪魁祸首吗？ ▶

世界上有大约1500种蝎子，其中20来种真的是非常危险的家伙，它们每年会从这个世界上夺走大约3000条人命。除此之外，它们的毒液主要是为了捕捉猎物（尤其是大型昆虫）而准备的。对它们来说，人类实在是太过庞大了，但如果感觉受到威胁，它们也会用螫针来进行自我防御。蝎子的种类不同，毒液也各不相同，所以很难研制出有效的抗毒药物。不过，蝎子的毒液可以被用来制成一种消灭蚜虫的杀虫剂！

你知道吗？

毒药在尾巴上

"In cauda venenum"是一句拉丁谚语，意思是"毒药总是在尾巴上"。人们在谈论一篇文章或一次演讲的时候，经常会用到这句谚语，形容这些文章或演讲一开头非常亲切友善，但结尾往往会出人意料或引人不快。这句谚语常被用来提醒我们，不要只根据开始的话语来判断一整段话的意思，而是要综观全局。像很多其他动物一样，蝎子经常被哲学家或道德家们拿来形象地说明道理！

地纹芋螺

　　这种大海螺总是在夜间到海底沙层或珊瑚礁中捕食。它们身上的螺纹是一种绝佳的伪装，可以帮助它们静静等待鱼类或贝类等猎物靠近而不会被发现。在捕猎时，它们会将吻端伸出，从中射出一根"鱼叉"刺入猎物体中。一旦猎物被麻痹，它们便会张大嘴巴一口吞下。嘴里这根"鱼叉"由它们的舌头或齿板衍生而成，它就像一条长满棘刺般细小牙齿的带子，地纹芋螺能够利用它把猎物摩擦成碎末，再慢慢消化。

动物学分类: 腹足纲新腹足目芋螺科
地域分布: 印度洋和西太平洋海域
生存环境: 滨海沿岸地区
体长: 约15厘米
人类受害者: 每年有数人因此丧命

有关它们的名字，你还应知道的……
地纹芋螺，又叫杀手芋螺，学名*Gastridium geographus*，在拉丁语中的意思是"带有地理纹路的锥状动物"。

12

◀ 它们为什么要这么做?

如果我们把地纹芋螺拿在手里,它们会将吻端伸出,用"鱼叉"扎进我们的皮肤。它们释放的毒液会引起我们强烈的疼痛感,并导致肌肉麻痹,甚至会导致呼吸骤停。在被地纹芋螺刺中的人当中,大概有1/4的人会不幸身亡。目前记录在案的死亡案例一共有50例左右,但实际的数字可能会更高。由于没有有效的解毒剂,我们只能针对中毒者的症状来缓解他们的痛苦。

它们真的是罪魁祸首吗? ▶

这种软体动物喜欢捕食鱼类,但它们的移动速度可比鱼类的缓慢得多,因此,拥有能让猎物瞬间麻痹的毒液实在是个撒手锏! 它们喜欢在夜间捕食,白天会躲在沙层里、石块下面等地方。只有那些被它们美丽螺纹所吸引的收藏爱好者,或是四处寻找食用海螺的人才会有被它们扎伤并中毒的风险。除了人为因素,近年来由于海洋污染加重,地纹芋螺的生存受到了严重威胁!

你知道吗?

生物武器

20世纪末,苏联的研究人员尝试从地纹芋螺的DNA中提炼天花病毒——它会引起天花,非常严重。研究人员是想要制造一种生物武器,即利用地纹芋螺的毒性让被攻击的对象遭受双重伤害,100%致命。不过,到了1992年,俄罗斯宣布放弃对这种生物武器的研制。

玫瑰毒鲉

玫瑰毒鲉属于鲉鱼家族，生活在礁湖之中。它们时常潜伏于岩石间或埋于沙下，即便是水深只有20厘米的地方，它们也能生存。这是一种很善于伪装的动物，在栖息环境中很难被发现：灰色或褐色的身体上斑块密布，且长满了小肉瘤，星星点点地呈现红色或橙色，看起来很像某种钙质海绵。它们以捕食小鱼小虾为生，一有猎物游近，它们就会突然张大嘴巴大口吞下。它们的背鳍约有13根棘刺，每根棘刺都与毒腺（共两条）相连。

动物学分类： 硬骨鱼纲鲉形目鲉科

地域分布： 印度洋和太平洋

生存环境： 珊瑚礁、浅海区

体长： 约40厘米

体重： 约2.4千克

人类受害者： 每年有数人因此丧命

有关它们的名字，你还应知道的……

玫瑰毒鲉，也叫石头鱼，学名为 *Synanceia verrucosa*，在希腊语中的意思是"长满扁桃体状小瘤子的（鱼）"。这个名字是自然学家林奈在18世纪时给它们起的，但我们并不知道这么命名的原因！它们在波利尼西亚地区叫希南赛（Synancée）或诺胡（nohu），而在留尼汪被叫作蟾蜍鱼。

啊啊啊啊啊啊!

你这是在跟谁说话呢!

◀ 它们为什么要这么做?

行走在礁湖中时,我们很可能会踩到这种鱼。哪怕你穿着橡胶底的鞋子,它们坚硬而锋利的背部棘刺也能够刺进脚底板,然后把剧毒的毒液注入我们体内。这可是世界上毒性最强的毒液之一,能够引发剧烈疼痛并导致昏厥。中毒者会出现幻觉,同时出现呼吸系统和心脏活动的紊乱以及身体麻痹的症状。这种毒液可以致命,尤其是对孩子来说。

它们真的是罪魁祸首吗? ▶

玫瑰毒鲉看上去不像一条鱼,而更像一块上面长满海藻的石头,同时,它们在水中的游速也不快。如果被捕食者发现,它们绝对来不及逃跑,而要用背部的棘刺做最后的保护伞。哪些人会因为被玫瑰毒鲉刺伤而中毒呢? 他们当中有水族收藏者: 在捕捉过程中没有采取保护措施;也有一些日本厨师: 捕捉这种鱼是为了把鱼肉切成薄片做成寿司。

● 你知道吗?

药用毒液

有毒的动物释放的毒液往往会影响我们细胞的功能,不过小剂量的毒素能够被用作药物。我们可以从海绵、珊瑚、海蛞蝓或鱼类身上提取活性化合物来制药。比如,人们用一种澳大利亚芋螺的毒液制成了止痛药,药效比吗啡的还强劲不少。同样,玫瑰毒鲉的超强毒素也可以应用到医学之中。

箱水母

像其他水母一样，箱水母也是通过其伞状身体的脉动来移动的。而它们伞状的身体后面拖着数十条带状触须，这些触须最长可以达到3米。每条触须上都密密麻麻排列着数百万个刺丝囊，每个刺丝囊里又都包含一根极细小的"毒针"，用来向其他动物注入剧毒物质。

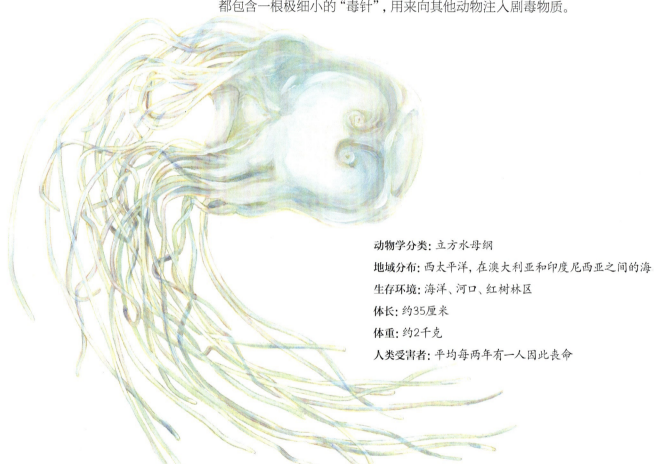

动物学分类： 立方水母纲
地域分布： 西太平洋，在澳大利亚和印度尼西亚之间的海
生存环境： 海洋、河口、红树林区
体长： 约35厘米
体重： 约2千克
人类受害者： 平均每两年有一人因此丧命

有关它们的名字，你还应知道的……

箱水母，学名*Chironex fleckeri*，在希腊语中的意思是"动物学家弗莱克的死亡之手"。因为它伞部的形状是方形的，所以也叫立方水母。

它们真的是罪魁祸首吗？ ▶

箱水母利用毒液作为捕猎的武器，可以麻痹鱼虾等猎物，因为这些家伙很容易逃脱。对于箱水母来说，毒液是极其珍贵的，它们可用毒液获取充足的食物来补充能量。尽管它们攻击性并不强，但还是会有一些人因为它们而丧生。这些事故主要发生在夏天的午后，而且往往是在海滩附近那些深度不足一米的浅海区。

箱水母几乎是透明的，这让它们在水中很难被发现。如果有人在游泳的时候不小心碰到了一只箱水母，箱水母就会向人注射毒液，让人身体剧痛直至昏厥，这种休克的状态会导致心脏停止跳动。100年间，大约有70人在澳大利亚被箱水母杀死，而在东南亚地区也有不少案例。每年都有上百例患者在被这种水母蜇伤后就医的记录。

你知道吗？

水母的睡眠

箱水母有24只眼睛，这让它们在白天捕猎时能够准确地辨别光线的方向。到了夜晚，它们会一动不动地待在海底，仿佛睡着了一样，这是在储存能量。科学家怀疑，这些水母通过睡眠所积攒的能量，是用来让它们在白天看清东西的。事实上，它们白天用眼确实会消耗掉大量神经能量，需要充足的睡眠来恢复！

咬人的动物

它们身上装备着獠牙、钩子、螯肢、叉棘、大颚，或是看似普通的一张嘴但……这些工具都可以用来注射致命的毒药。不过，它们咬过的，可不光是它们的食物！

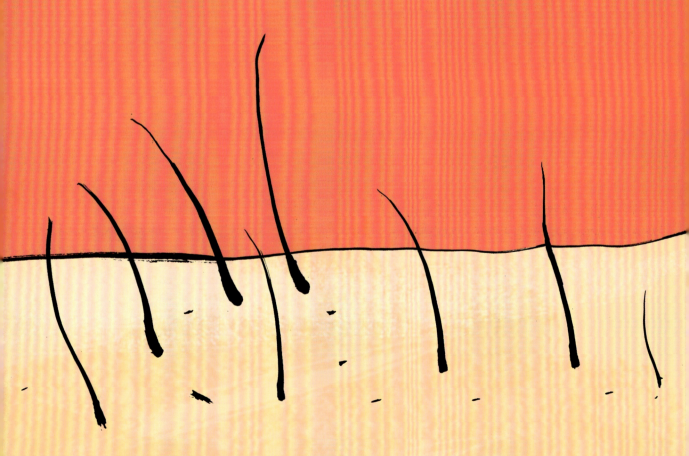

圆形叶口蝠

动物学分类: 哺乳纲翼手目蝙蝠科

地域分布: 拉丁美洲

生存环境: 除了山区之外的所有热带地区

翼展: 约40厘米

体重: 约50克

繁殖: 每年繁育一只幼蝠

寿命: 约12年

人类受害者: 每年大约30人丧命

　　圆形叶口蝠是一种群居的蝙蝠, 每群有100到1000只不等。在夜晚, 它们能以每小时50千米的速度飞行, 四处寻觅地面上的猎物, 比如一头奶牛、一匹马、一只狗, 甚至是一个人。一旦发现猎物后, 它们便会落在地上, 行走着或跳跃着慢慢接近, 然后一口咬上去, 开始享用美餐: 它们是唯一一种只靠吸血来维持生命的哺乳动物。还有两种相近种类的蝙蝠, 但它们还会捕食鸟类。

有关它们的名字, 你还应知道的……

圆形叶口蝠, 也叫吸血蝙蝠, 学名*Desmodus rotundus*, 在希腊语中是"牙齿相连, 并长有圆鼻子的(蝙蝠)"的意思。尽管它们有吸血的习惯, 但科幻小说中的吸血鬼并不是因为它们而得名的。吸血鬼的原型来自德古拉伯爵和诺斯费拉图!

它们真的是罪魁祸首吗？ ▶

事实上，伤口本身并不危险，甚至可以说是微不足道的。不过，这些吸血蝙蝠会把微生物从上一只动物传播给下一只动物，尤其是狂犬病毒，一旦无法及时医治，很可能会导致被咬者丧命。也正因如此，在南美洲，每年都有30多个人和成千上万的家畜丧命。因为森林被毁坏，这些吸血蝙蝠便开始把捕食目标锁定在数量越来越多的家畜身上。

◀ 它们为什么要这么做？

圆形叶口蝠会先用手术刀般锋利的门齿和犬齿轻轻咬破猎物的皮肤，它们的唾液中含有一种"麻醉剂"，以及一种防止伤口愈合的抗凝物质，然后它们会吸食从伤口处源源不断流出的鲜血。它们的动作是如此小心翼翼，以至于在大多数时候，被咬伤的家伙甚至一直在睡梦之中！它们每次用餐短则10分钟，长则一个小时：而且它们有时要吸食与体重相等的血液！在一年之中，一个拥有100只圆形叶口蝠的蝙蝠群会吸食掉相当于25头牛重量的血液。

你知道吗？

选择食物

虽然捕食对象有很多，但这些吸血蝙蝠好像每天晚上都会选择同一个猎物。生物学家一直试图解释这种行为，他们认为这些蝙蝠很可能在吸血的同时记住了被咬猎物的呼吸声。之后的夜晚，它们便能根据这些声音来寻找相同的对象，因为确定至少它能为自己提供美味的食物，这肯定远比冒险选择另一个猎物要安全得多！

眼镜蛇

眼镜蛇通常以小型啮齿动物、鸟类、蟾蜍和其他蛇类为食。一旦感受到威胁，它们便会把上半身竖起来，颈部的外皮向外膨胀伸张，这样使头部看起来更大，也更可怕。由于农业区里的老鼠和田鼠是它们喜欢的食物，眼镜蛇也时常会出现在村庄或城市郊区附近。

动物学分类：爬行纲蛇目眼镜蛇科

地域分布：印度、巴基斯坦、尼泊尔、孟加拉国

生存环境：森林和农业区

体长：约2米

繁育：每年繁育一次，每次产卵12~20枚

寿命：约24年（人工养殖）

人类受害者：每年超过11000人丧命

有关它们的名字，你还应知道的……

印度眼镜蛇，学名*Naja naja*，是来源于它们的印度语名字**nag**或**naga**，是眼镜蛇中较著名的一种。眼镜蛇颈部膨胀时，后面的图案看起来很像一副眼镜。

它们为什么要这么做？

每年因被眼镜蛇咬伤而丧命的人超过11000人，实际人数可能比这个数字要高得多，因为并不是所有被攻击而死的人都被记录在案。如果把各种蛇都算上，它们每年一共会造成数万人丧生，尤其是在亚洲和非洲的热带地区。在法国，每年大概有2000人被蝰蛇咬伤，但致死的案例较少。

它们真的是罪魁祸首吗？ ▶

在夜晚捕食的时候，眼镜蛇会根据气味来判断猎物的位置，然后猛扑上去把它们咬住，并将毒液注射进它们的身体。被咬伤的猎物即使逃脱，也会很快中毒死去。眼镜蛇会通过气味再次找到它们，然后把它们囫囵吞下去，因为眼镜蛇的牙齿无法把猎物切割成小块。不过，眼镜蛇咬人并不是为了捕食！只要它们感受到威胁，便会毫不犹豫地咬人自卫。大量的眼镜蛇在村庄附近出没，这对农民来说确实很危险。

你知道吗？

卖艺的眼镜蛇

在印度，眼镜蛇是非常神圣的动物。很多人至今仍然相信它们能带来充足的雨水和好收成。印度街头的弄蛇人会对着眼镜蛇吹奏笛子，而眼镜蛇也会竖直身体，使颈部膨胀起来，接着扭动身体的其他部位。其实，眼镜蛇之所以做出反应，主要是被弄蛇人的手或是乐器所吸引，以为遇到了敌人，而摆出防御的姿势和动作而已。弄蛇人都提前做好了自我保护措施，如拔掉了眼镜蛇的毒牙，或者排出了它们的蛇毒。可千万不能拿手去碰它们，否则会被咬伤而中毒的！

蓝环章鱼

这种小型章鱼因为身体上鲜艳的蓝环而得名。它们经常躲在低潮地区的岩石缝隙里。和其他章鱼一样，它们可以依靠八条腕足在水底行走，以寻觅小虾小蟹为食。角质喙能帮它们把猎物切开。当发现危险时，它们的身体颜色会变暗，身上的蓝环也会开始闪烁。

动物学分类：头足纲八腕目章鱼科

地域分布：澳大利亚南岸

生存环境：潮汐地区

体长：约20厘米

寿命：约3年

人类受害者：每年数人丧命

有关它们的名字，你还应知道的⋯⋯

蓝环章鱼，学名*Hapalochlaen maculosa*，在希腊语中是"柔软的皮肤，布满斑点"的意思。

24

它们为什么要这么做？

如果谁打扰蓝环章鱼，它们便会用角质喙咬伤对方。伤口其实很小，但蓝环章鱼会将毒液注入对方身体内。这种毒液所含的物质有河豚毒素等，那可是动物界最毒的毒药之一。这种毒液会引起肌肉麻痹，并阻碍正常呼吸，致使近半数的中毒者因此丧命。据估算，一只25克重的小蓝环章鱼体内的毒液就足以杀死10个成年人！

它们真的是罪魁祸首吗？

蓝环章鱼身上的蓝环对其他动物来说，是一种很明显的警告信号，因为鲜艳的颜色往往都预示着危险。毒液由唾液腺所产生，它们只需把毒液喷射到水中就可以麻痹猎物。这么个小家伙甚至可以杀死大海龟！其实，它们不会主动攻击，但只要我们用手去抓它们，就很可能会被咬伤。水族爱好者很喜欢它们娇小的身材和鲜艳的颜色，它们也因此被运往了世界各地，这同时也增加了咬伤事故发生的概率。

你知道吗？

犯罪团伙！

除了蓝环章鱼之外，生物学家在河豚和某些贝类的身上也发现了同样的毒素。一种毒素同时出现在几种不同类型的动物身上的可能性很小，所以有些生物学家认为，这种毒素是由这些动物肠内的细菌作用所产生的。微生物在肠道里得到了很好的庇护，作为交换，它们也为宿主动物提供了很有效的保护。

悉尼漏斗网蜘蛛

这种动物生活在澳大利亚最大城市悉尼的附近，故得名。它们能够在地上挖掘出长达20~60厘米的漏斗形洞穴，并在里面铺上光滑的蛛丝，然后待在洞中，等待猎物掉入陷阱。像所有的同类动物一样，它们也拥有与毒囊相连的两只大钩齿。它们喜欢先用有毒的钩齿咬伤猎物，再拖入洞中享用。当受到威胁时，它们会昂首直立，露出它们巨大的钩齿。

动物学分类：蛛形纲动物

地域分布：澳大利亚

生存环境：乱石堆和树枝堆

体长：约35毫米（不包括足）

人类受害者：在20世纪时每年约有15人丧命

有关它们的名字，你还应知道的……

悉尼漏斗网蜘蛛，学名*Atrax robustus*（Atrax是希腊神话中的人物）。

26

它们为什么要这么做？ ◀

这种蜘蛛的毒液具有非常强的毒性，即便是成年人，中毒后也可能会丧命。在毒液的成分中，超强的毒素能够引发神经系统紊乱，并很快对呼吸系统和心脏产生影响，能在15分钟内让一名儿童因此丧命。而毒液中的其他物质，主要会破坏分解伤者的肌肉组织和皮肤，使伤口无法愈合。

它们真的是罪魁祸首吗？ ▶

在炎热的季节，雄性开始出没，寻找雌性进行交配。在此期间，它们有可能会闯入人类的家中。当感觉受到威胁的时候，它们会毫不犹豫地咬人来进行自卫。其实，它们的毒液主要用来捕捉昆虫，那是它们的主要猎物。由它们的毒液提取物制成的杀虫剂甚至还获得了专利权！1981年，一种特效的抗毒血清问世，很多被它们咬伤的危重病人也因此获救。从此，便几乎没有再出现过因为被它们咬伤而丧命的案例了，不过它们杀人的故事至今仍在悉尼民间广为流传。

你知道吗？

被端上餐桌的大蜘蛛

虽然被蜘蛛咬伤后的伤口会非常疼痛，并有可能引起眩晕恶心，但其实大多数巨型蜘蛛并没有那么危险（过敏现象除外）。此外，如果它们身上的毛不小心掉进眼睛里，造成的不适反应也可能会持续好几个月。有一种体长可达25厘米（包括足在内）的巨型食鸟蛛，它们是生活在委内瑞拉的皮亚罗亚人喜欢的食物，他们会吃这些大蜘蛛的腹部和足，就像是在吃螃蟹一样。在委内瑞拉首都加拉加斯的饭馆里，菜单上还有这道菜品！

秘鲁巨人蜈蚣

秘鲁巨人蜈蚣是一种食肉千足虫，它们的动作十分灵活迅速。它们的身体由21~23个体节组成，每个体节上都长有一对足。它们喜欢藏身于乱石岗或枯木堆里。它们的口器两侧长的一对钩状附肢，被称为"毒爪"，这是为了适应捕食小动物的需要，由普通附肢演变而成的武器。秘鲁巨人蜈蚣并不满足于以昆虫为食，它们还会捕杀青蛙、蜥蜴、小蛇、小鸟、鼠类等，有时甚至连蝙蝠也会成为它们的盘中餐！

动物学分类：唇足纲蜈蚣目（科）

地域分布：南美洲

生存环境：热带森林

体长：约40厘米

寿命：约10年

人类受害者：丧命者很少

有关它们的名字，你还应知道的……

秘鲁巨人蜈蚣，学名*Scolopendra gigantea*。在希腊语中，前一个词是"蜈蚣"的意思，后一个词是"巨大的"的意思。

◀ 它们为什么要这么做?

秘鲁巨人蜈蚣的毒爪能够轻松刺破人类的皮肤,然后将毒液注入人体内,这能立刻引发剧烈疼痛、肿胀和瘙痒等症状。儿童或身体虚弱的成年人,还可能会出现恶心、视力模糊以及一些心脏方面的问题。除了秘鲁巨人蜈蚣,生活在地中海地区的某些小型蜈蚣咬人也非常疼。在土耳其,每年约有5000人被咬伤!

它们真的是罪魁祸首吗? ▶

它们身体很长,拥有很多对足,还有含剧毒的钩爪,以至于很多人都认为它们是蛇和蜘蛛杂交出来的产物,而这两种动物都让人既害怕又讨厌! 不过,它们的毒液虽然毒性很强,但在几天之后症状就会消失。而且,虽然看起来被咬伤的人数一直在增加,但那恐怕是因为它们所赖以生存的热带森林遭到破坏的缘故。由于栖息地减少,它们无家可归,只好入侵城市了!

我们的孩子多好看哪!

你知道吗?

个头虽大,但人畜无害

蜈蚣属于唇足纲动物,这是一类食肉的千足虫。而与此不同的是倍足纲动物。这类动物主要以植物残骸为食,没有毒爪,所以是完全无害的。它们中的大多数种类都拥有很多对足(最多可达到750足),但它们爬行的速度很慢。在三亿年前,在欧洲和北美大陆生活着一种古马陆,那是一种两米长的千足虫……但它们应该也是吃素的!

来,抱抱!

狩猎蚁

动物学分类: 昆虫纲膜翅目蚁科

地域分布: 非洲中部和东部

生存环境: 森林、草原

体长: 根据不同种类和不同等级, 差别很大

人类受害者: 数个死亡案例

  狩猎蚁的蚁群最多可有2000万只蚂蚁。它们生活在自己挖掘的地下廊道之中。作为食肉动物, 它们的食谱非常广泛, 包括昆虫、啮齿动物、小型爬行动物等。当蚁巢附近没有足够的食物时, 蚁群会整体迁移到另一个地方来重新安家。在大个的兵蚁的保护下, 小个的工蚁们组成的大军就好像一块能够移动的"活地毯"。在50米宽的战线内所出现的所有动物, 只要没能及时逃开, 都无法幸免于难。

有关它们的名字, 你还应知道的……

狩猎蚁, 也叫烈蚁, 学名*Dolyrus spp*, 是古希腊语中的一种长矛的名称。

好好把你的饭吃完!

可我不喜欢马肉!

◀ 它们为什么要这么做?

狩猎蚁的上颚强壮结实,能够轻松穿透猎物的皮肤,这是它们向猎物发起攻击的重要武器。有人说,它们能在一天之内吃掉一整匹马。大个的兵蚁负责切开猎物的皮肤,让其他蚂蚁进入猎物身体里。这些狩猎蚁有时候会攻击睡在丛林中的人,甚至把他们杀死。

它们真的是罪魁祸首吗? ▶

生活在居民区附近的狩猎蚁,也会捕食老鼠、田鼠、蛇、蜘蛛、蝎子或蟑螂,换句话说,它们会负责把周围一切不招人喜欢的动物都清理干净。一个蚁群平均每天可以消灭200万只昆虫! 所以,尽管有些危险,但它们对农民来说还是有益的。而且,也大可不必夸大它们所带来的威胁。行进中的蚁群的确很危险,不过它们行进的速度很慢,大约每小时行进20米,因此很容易避开。

哞!

咕噜……

咕噜……

你知道吗?

我跟你说了多少次了,不要用手指头来沾东西吃!

爱吃蚂蚁的家伙

在热带森林里,像蚂蚁或白蚁这样的群居性昆虫,构成了当地整个生物量的1/3。一群狩猎蚁能为其他爱吃蚂蚁的动物提供40千克左右的食物! 黑猩猩会把小木棍捅进蚁巢中,然后再拽出来,并舔食爬到木棍上面的蚂蚁。我们的祖先,那些生活在二三百万年前的史前人类,可能也会使用同样的技巧呢。

喇叭毒棘海胆

这种大海胆生活在礁湖之中，它们喜欢夜间活动，主要以藻类为食。白天，它们会附着在小石头或珊瑚碎片上进行伪装。它们身上有一个坚固的甲壳，可以保护自己，甲壳上长满了短棘刺和三齿叉棘，这些叉棘的形状就像冰块夹或方糖夹一样！它们可以利用这些叉棘清理甲壳或进行自我保护。这些叉棘盖满它们的表面，使之看起来有点儿像一朵朵花的样子，但这可是一种令人生畏的武器。

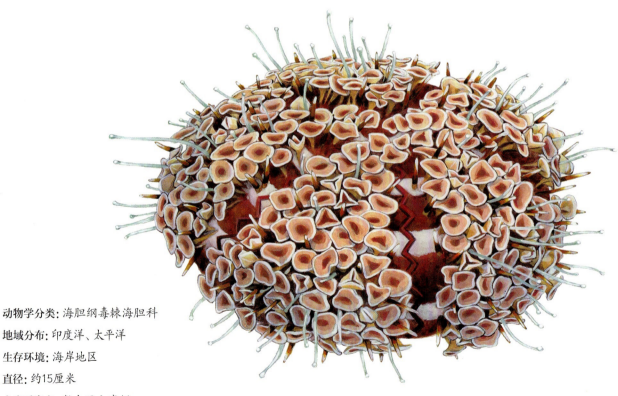

动物学分类: 海胆纲毒棘海胆科
地域分布: 印度洋、太平洋
生存环境: 海岸地区
直径: 约15厘米
人类受害者: 数个死亡案例

有关它们的名字，你还应知道的……

喇叭毒棘海胆，也叫毒海胆，学名*Toxopneustes pileolus*，在希腊语里是"有毒的、空气推动的、毛绒绒的"的意思，人们曾经以为它们的叉棘是以空气为动力源的（事实上它们是以水作为动力源的）。

站住，你这个坏蛋!

它们为什么要这么做?

当我们用手抓它们，或者不小心踩在它们身上的时候，它们的棘刺很容易刺穿我们的皮肤。喇叭毒棘海胆看上去完全无害，但它们却是世界上最危险的海胆! 哪怕是轻轻触碰一下，它们的叉棘也会立刻卡在我们的皮肤上。伤口虽然很小，但它们会向伤口中注入毒液，引起剧痛和麻痹等症状，一旦毒素扩散到呼吸肌或心脏，很可能会导致伤者死亡。

它们真的是罪魁祸首吗? ▶

喇叭毒棘海胆的毒液主要是为了抵御像鹦鹉鱼或螃蟹之类的掠食者。但它们的甲壳无法抵御天敌们强劲有力的下颌或螯肢。再加上它们行动迟缓，所以唯一有效的防御措施，就是伪装和毒液了。由于它们生活在浅海区，我们在海中嬉戏时很可能一不小心踩到它们。在热带潟湖地区生活着很多身上长有毒棘刺的动物和像剃刀般锋利的珊瑚，所以最好不要在这样的区域赤脚行走!

外边的世界充满了危险，我还是穿好盔甲再出门吧!

你知道吗?

含有毒液，还是诱发中毒

在600种已知的海胆当中，大约有80种含有对人类有害的毒液，这些毒液会由棘刺或叉棘注射进人的体内。还有一些海胆会诱发食物中毒，也就是说它们会引起食用者的中毒反应。喇叭毒棘海胆不可食用，不过与它相似的白棘三列海胆，尽管周身长满了有毒的叉棘，但依然是日本人很喜欢的食物。有一点要提醒: 很少有动物既含有毒液，又会引起食物中毒的!

这些棘刺在吃海胆时太有用了，简直就是现成的牙签!

吃人的动物

它们的形象经常出现在童话、古代神话和电子游戏当中。自古以来，大人们总是用它们的名字来吓唬孩子。但其实，我们在现实中也会遇到它们。它们会出没于森林里或海洋中，所以我们要多加小心，不要被它们伤害了！

狼

狼是群居动物，狼群的规模从几只到30来只不等，一般来说由一对夫妇和它们的后代组成，或由两个家族共同组成。它们会一同捕杀像雄鹿或驼鹿这样个头较大的猎物，也会吃野兔、小型啮齿动物，甚至其他动物的尸骸。它们一晚上能奔袭一二百千米，来寻找新的狩猎地点。

动物学分类: 哺乳纲食肉目犬科

地域分布: 几乎遍布整个北半球

生存环境: 森林、大草原、苔原

体长: 约1.3米

体重: 约80千克

繁殖: 平均每年产6只崽

寿命: 约15年

人类受害者: 曾经每年数百人因此丧命

有关它们的名字，你还应知道的……

狼，学名*Canis lupus*，在拉丁语里是"狗、狼"的意思。

◀ 它们为什么要这么做？

在法国大革命爆发（1789年）之前，每年有大约250个法国人因被狼袭击而丢掉性命。尤其是到了冬天，狼因为缺少猎物，会选择攻击牧童。那些感染了狂犬病的狼尤其可怕，即使是很小的伤口也可能使伤者传染上狂犬病毒，从而导致死亡。从19世纪开始，狼的数量在逐年减少。1950—2000年，狼在欧洲地区一共使9个人丧生；而同一时期，在印度则有237人被狼攻击身亡。

它们真的是罪魁祸首吗？ ▶

尽管狼群能够猎杀个头很大的动物，但它们还是会选择尽可能避开人类。最危险的狼并不是最具野性的，恰恰相反，那些生活在居民区附近的狼才最令人们害怕。它们之所以会出现在这里，可能是因为猎人"抢走"了它们的猎物，也可能是被家畜所吸引，比如在印度，现在就存在很多这样的狼。

你知道吗？

比狼还危险？

在法国，每年都有人因被狗咬而死，"凶手"往往是德国牧羊犬或拉布拉多犬，而死者通常是狗的主人或是家庭的其他成员。在美国，类似事故的肇事者往往是斗牛犬或罗维纳犬，它们每年会使30多人受到致命伤害。当然，最危险的肯定是那些患有狂犬病的狗，它们能使上万人死于非命，主要就是因为人们感染狂犬病毒后没有得到及时救治。

斑鬣狗

在斑鬣狗家族中，雌性是整个种群的头领。斑鬣狗是食腐动物，也就是说它们会以动物尸体为食。不过，斑鬣狗有一点与其他鬣狗不太一样，它们的猎物中有相当一部分是它们亲自杀死的，比如瞪羚、野兔或疣猪等。它们通常独自狩猎或者以小群为单位进行围猎，只有在捕猎大块头猎物的时候，才会以大群为单位出现。

动物学分类：哺乳纲食肉目鬣狗科

地域分布：热带非洲

生存环境：草原、疏林

体长：约1.5米

体重：约80千克

繁殖：每年产2只崽

寿命：约25年

人类受害者：每年数个死亡案例

有关它们的名字，你还应知道的……

斑鬣狗，学名*Crocuta crocuta*，在希腊语中是"橘黄色的"的意思。

你咬我不要紧，不过请你行行好，能先刷刷牙吗？

◀ 它们为什么要这么做？

在非洲的肯尼亚，斑鬣狗是一半以上家畜遇袭事件的"肇事者"，比猎豹和狮子的加在一起还要多。它们并不惧怕人类，也不会被看门狗吓跑。当有人睡在树丛之中却毫无保护措施时，它们也会适时地发动攻击。即便伤口并不深，感染的风险也很大，因为斑鬣狗的唾液中含有大量细菌，这些细菌大都来自它们所吃的动物尸骸。

它们真的是罪魁祸首吗？ ▶

曾经，人们相信斑鬣狗会模仿人类的声音，好把人引诱过来吃掉。其实斑鬣狗那为人们所熟悉的"笑声"，只是它们吠叫或嘶吼的方式而已。喜欢吃腐肉的习惯也让它们名声扫地。不过，也正是因为它们能够清理自然界的动物尸体，所以它们在生态系统中所扮演的角色非常重要。斑鬣狗的消化系统完全能够消化掉满是细菌的腐肉，这样一来，也就降低了其他动物或人类被腐烂的死尸传染疾病的风险。

先生，这是您点的变质腐肉。

再腐败点儿才够味儿！

你知道吗？

世界冠军

难以想象，斑鬣狗能咬碎象牙，再把它们一小块一小块地吞食掉！强有力的颌骨能够帮它们咬碎各种食物。不过，如果把身材因素也考虑进去的话，斑鬣狗可并不算是咬合能力的世界冠军。被称为"塔斯马尼亚魔鬼"的袋獾才是当之无愧的最强者。这种生活在澳大利亚的食肉动物个头不大，但它们的脑袋和身体比起来显得格外巨大。另外，这种动物也以动物尸骸为食。

嚯，又搞定一顿家常便饭！

美洲黑熊

据估算，美洲黑熊是世界上数量最多的大型食肉动物，一共有90万头！它们的毛皮大多是黑色的，也有少数是棕色或米色的。它们会吃青草、水果、昆虫和动物尸骸，偶尔也会捕食啮齿动物、小鹿和三文鱼。美洲黑熊属于独居动物，它们跑得很快，也很善于爬树。

动物学分类: 哺乳纲食肉目熊科

地域分布: 北美洲

生存环境: 森林

体长: 约2米

体重: 约400千克

繁殖: 每两年产1~5只崽

寿命: 约30年

人类受害者: 每年1~2个人因此丧命

有关它们的名字，你还应知道的……

美洲黑熊，学名*Ursus americanus*，在拉丁语中是"美洲的熊"的意思。

◄ 它们为什么要这么做？

在美国，每年都有人被熊攻击而死，"肇事者"可能是美洲黑熊，也可能是棕熊，后者虽然数量相对较少，但个头明显要大很多。美洲黑熊很喜欢到城市周围活动，在垃圾堆或垃圾箱里寻找可吃的东西。遇到人类的时候，它们会显得极具攻击性，时不时便会造成伤人事故，每年都会发生上百起美洲黑熊攻击人类的事件。

它们真的是罪魁祸首吗？ ►

被美洲黑熊袭击致死的受害者，大多数都是郊游者，他们或是过于靠近母熊和小熊了，或是不小心惊扰了在附近的美洲黑熊。它们也会攻击那些在夜里把食物放在帐篷里的露营者，所以户外运动爱好者也要做好相应的预防措施：在走路的时候故意发出声音来警告美洲黑熊；而在夜里露营时，则把食物挂在远离帐篷的树枝上。

你知道吗？

双向保护措施

自然保护区的负责人有保护动物的职责，不过他们同样也要保障游客的安全，让他们可以在这些猛兽出没的地方自由活动。这件事可没那么简单：在美洲黑熊经常出没的地方，能让孩子们进行越野骑行吗？或者让他们牵着狗在那里散步？在美洲黑熊聚集的地方，人们都应该了解如何避免事故的发生。不过在法国，熊是很少见的动物，有时它们出现，会引起极大的恐慌。

虎

老虎是陆地上最大也是最强壮的掠食者之一。它们长的巨大的獠牙、锋利的爪子能穿透厚厚的水牛皮。一般来说，老虎是独居动物，它们的狩猎领地从几十平方千米到几百平方千米不等，这取决于这片土地上的猎物数量。它们主要以野猪、鹿或水牛等大型动物为食。

动物学分类: 哺乳纲食肉目猫科

地域分布: 曾经遍布整个亚洲

生存环境: 森林

体长: 约3.7米

体重: 约400千米

繁殖: 每三四年产1~7只崽

寿命: 约10年

人类受害者: 每年超过100人因此丧命

有关它们的名字, 你还应知道的……

虎, 学名*Panthera tigris*, 在希腊语中是"虎豹"的意思。

42

◀ 它们为什么要这么做?

老虎可能是世界上最凶猛的大型食肉动物了,20世纪初,每年都有超过1000人丧生于虎口。现在,即使老虎攻击人的现象远没有以前那么频繁,但在印度和孟加拉国,比如在孙德尔本斯国家公园的森林里,还是时常会有老虎伤人的事件发生。如今,每年仍然会有超过100人受到老虎袭击而死亡,不过,随着人类越来越多地使用狗来保护家园,以及救治防护措施的完善,死亡的人数还是大大减少了。

它们真的是罪魁祸首吗? ▶

据估算,在一个世纪前,在印度生活着大约10万头老虎,而到了2011年,老虎的数量只剩下不到1700头。由于森林被破坏和偷猎行为的屡禁不止,老虎在很多地方已经绝迹了。因此,老虎和人之间的冲突也日益激烈。老虎失去了自己的领地,面对护林员或农民的机会就变得越来越多。事实证明,当野生猎物被猎人所"霸占"或是被家畜所取代的时候,老虎发动攻击的次数也会增多。

你知道吗?

令人生畏,却也饱受威胁

在世界各地,猫科动物越来越多地卷入了与人类的冲突之中,尤其是那些受保护的大型猫科动物。的确,老虎是令人生畏的,但它们也面临着灭绝的危险。因此我们的任务十分艰巨:我们必须要在保护物种的同时,减少伤人事件的发生。所以,找到大型猫科动物与人类的共存模式至关重要。

美洲狮

动物学分类：哺乳纲食肉目猫科

地域分布：几乎整个美洲大陆

生存环境：森林、草原、沙漠地区

体长：约1.5米

体重：约120千克

繁殖：每两年产1~6只崽

寿命：约20年

人类受害者：数个死亡案例

　　美洲狮是生活在美洲的一种大型猫科动物。它们的猎物主要包括鹿、野兔、河狸、浣熊和鸟类等。它们喜欢在破晓或黄昏时分活动，但也会在白天和深夜里捕食。据估算，在加拿大的英属哥伦比亚地区，在一块约100平方千米的地盘上生活着大约5000头美洲狮。在北美洲，这应该算是美洲狮数量最集中的地区了。

有关它们的名字，你还应知道的……

美洲狮，学名*Puma concolor*。*Puma*这个词源于盖丘亚语（在安第斯山脉生活的印第安人的一种语言）的名字，*concolor*在拉丁语中是"单色的毛皮"的意思。它们还被叫作美洲金猫或山狮。

我们捎上这个搭车客吧，他看上去挺靠谱的！

它们真的是罪魁祸首吗？ ▶

事实上，美洲狮更愿意避开人类。但随着城市的扩大和自然环境的破坏，它们的捕猎地盘越来越小，这也导致它们不得不经常面对人类。但美洲狮和狼这些掠食者的消失也导致鹿和狍子种群的激增，这些植食动物过多地啃食小树苗，使得森林面积大幅减少。也是基于这个原因，狼群被重新引入了一些大型自然保护区当中。而在那些人烟稀少的地区，人们也在考虑把美洲狮"请"回来！

◀ 它们为什么要这么做？

在刚刚过去的10年间，有10来个人因受到美洲狮袭击而毙命，这几乎和整个20世纪因此而丧生的人数一样多。受害者大多是跑步爱好者或者越野骑行者。这些猛兽在捕食时喜欢扑咬猎物的颈部或头部，这就导致每四个被咬伤的人中就有一个会失去生命。事实证明，攻击事件多发的地区往往是美洲狮数量众多的地区，除非在这个地区也拥有大量的家畜！

我想我们可能捕杀了太多的美洲狮，真的……

怎么办？

在遭遇美洲狮的时候，一定要采取有效的行动：经验表明，"装死"不仅不会让你得救，反而会增加被伤害的风险！另外，除非附近就有隐蔽处，否则逃跑也不是个好办法，因为美洲狮跑得太快了。那到底该怎么办呢？我们可以尝试直视美洲狮，用粗重的声音对着它们喊话，来吓唬它们，而不要采取任何其他行动。我们也可以朝它们扔木棍或丢石块，但要给它们留出躲避的空间，可不要真的打中它们。当然，最好的办法是远离这些美洲狮出没的区域！

你最好小心点儿，我可是很厉害的！

他看起来太小了……

虎鲸

动物学分类: 哺乳纲鲸目海豚科

地域分布: 遍布所有海洋

生存环境: 大多在靠近海岸的地区

体长: 约9.7米

体重: 约11吨

繁殖: 每三到十年生育1头幼鲸

寿命: 约90年

人类受害者: 很少

　　虎鲸生活在海洋之中, 可以潜入很深的海底, 但需要时不时浮上海面, 通过头顶的喷水孔来换气呼吸。虎鲸是群居性动物, 鲸群的成员很稳定, 通常是由数十只彼此有血缘关系的雄性和雌性组成。虎鲸往往以鲸群为单位进行捕猎, 它们针对不同猎物会采用不同的捕食技巧。它们的食谱很广泛, 比如太平洋东北部的三文鱼、大西洋西南部的海狮、南非海域的海豚……它们每天平均要吃掉45千克的食物。

有关它们的名字, 你还应知道的……

虎鲸, 也叫作逆戟鲸或杀人鲸, 学名*Orcinus orca*, 在拉丁语中是"形状像个大坛子的杀手"的意思。

◀ 它们为什么要这么做？

虎鲸会捕食海豹和其他鲸鱼，甚至会吞食在冰面行走的人。1972年，虎鲸撞毁了一艘双桅帆船，好在船上的一家人及时登上了救生艇，得以幸免于难。近些年来，在世界各地海洋世界的演艺中心，虎鲸袭击驯兽员或观众的事件也时有发生，也有人因此而丧命。

它们真的是罪魁祸首吗？ ▶

其实，大部分虎鲸攻击人的相关报道都值得推敲。虎鲸天性好奇，但并非如此仇视人类。它们很可能只是把在海洋中游泳或潜水的人错认成了海豹，那是它们日常的猎物。而所谓袭击船只的事件，通常只不过是单纯的意外撞击，就像其他鲸所造成的一样。至于在海洋世界中所发生的袭击，我们往往无法分辨出到底是真正的袭击还是过火的玩笑。毕竟，被关在动物园里的动物总会表现出一些不可控的行为。

你知道吗？

聪明的掠食者

虎鲸不仅仅是这个星球上最大的掠食者，也是最聪明的。如果发现浮冰上有一只海豹，鲸群会制造出巨大的海浪把浮冰掀翻。鲸群成员中的相互沟通非常重要，每个家族都有自己的语言，或是嘘嘘啸叫，或是啁啾鸣叫，或是吱嘎作响，或是发出清脆的敲击声，各不相同。

科莫多巨蜥

动物学分类: 爬行纲蜥蜴目巨蜥科

地域分布: 印度尼西亚的多个岛屿上

生存环境: 疏林

体长: 约3米

体重: 约165千克

繁殖: 每年产20多枚卵

寿命: 约50年

人类受害者: 很少

科莫多巨蜥也叫科莫多龙, 实际上是巨蜥的一种, 这些爬行动物与蛇有血缘关系, 也拥有分叉的舌头。它们主要以动物尸骸为食, 也会捕食鹿、野猪或啮齿动物。在捕猎时, 它们会慢慢接近猎物, 等到距离不足一米的时候再突然扑上去。猎物被咬伤后并不会立刻毙命, 还能挣脱逃离。而科莫多巨蜥放任它们逃离, 并在舌头的帮助下, 通过气味追踪猎物的痕迹。大约在几个小时之后, 它们会找回自己的猎物, 此时猎物已经死去, 如此它们便可以安心享用了。

有关它们的名字, 你还应知道的……

科莫多巨蜥, 也称科莫多龙, 学名 *Varanus komodoensis*, 在拉丁语里是"科莫多岛的巨蜥"的意思。

哎哟!

▶ 它们为什么要这么做?

它们之所以让人害怕,是因为人一旦被它们咬伤,又没有得到及时的救治,很可能就会丢掉性命。人们一直认为猎物死亡主要是因为被它们咬伤后,伤口发生细菌感染所致。不过研究人员近期发现,这些巨蜥也能产生一种毒液,它们的毒液能引起猎物休克,使猎物变得虚弱,同时破坏猎物的凝血功能。受伤动物的伤口无法愈合,很快就会造成大量失血。所以,猎物是在失血、中毒和细菌感染的共同作用下丧命的!

它们真的是罪魁祸首吗? ▶

科莫多巨蜥可能会攻击人类,比如在动物园里,但这种情况非常少见。它们的恶名,主要是因为它们被称为"龙"、它们的庞大身躯和它们那"具有史前动物特性的"外形。而它们能让受伤者慢性中毒的捕食技术也让我们感到恐惧。其实,这只不过是它们想要减少与猎物之间的直接接触,从而避免自己受伤的方式罢了!

至于我,我必须承认我很失望,就是这样!

你知道吗?

巨大的蜥蜴

在印度尼西亚,大约两万年前,科莫多巨蜥可能与当时的弗洛勒斯人有过交集。这些已灭绝的古人类与生活在100万年前的直立人很像,不过他们的身高大概只有1米!所以对他们来说,科莫多巨蜥是非常危险的掠食者。而在另一个岛屿,也就是现在的澳大利亚,那里的居民身高与正常人类相仿,不过那里的巨蜥足有6到8米长!

孩子,我很烦,去和那些大蜥蜴玩儿吧,别待在我的脚边上。

湾鳄

湾鳄（也叫海鳄）是现存体形最大的爬行动物之一，体长可达到5~6米。它们可以入海，也在印度尼西亚和澳大利亚的淡水中或河口地区生活。它们在水中依靠尾巴的摆动来助推前行。它们幼时主要以螃蟹、乌龟、巨蜥、蛇和鸟类为食，而成年后则会捕食水牛、袋鼠或野猪……据估算，世界上一共还有大约25万只湾鳄。

动物学分类: 爬行纲鳄目（科）

地域分布: 东南亚，澳大利亚

生存环境: 河流、湾口、海岸地区

体长: 约7米

体重: 约1吨

繁殖: 每年产40~90枚卵

寿命: 约40年

人类受害者: 每年数人因此丧命

有关它们的名字，你还应知道的……

湾鳄，学名*Crocodylus porosus*，在希腊语中是"结实的鳄鱼"的意思。

嘿嘿嘿!

这儿还有一只大个儿的!

它们真的是罪魁祸首吗? ▶

湾鳄让人感觉特别恐怖,可能是因为它们并不单纯只是咬人这么简单,它们还会吃人!对鳄鱼来说,人类和其他猎物没什么两样。所以,我们要尽可能避免和这些家伙面对面地接触,它们对于喊叫声并不敏感,也不在乎对方是否看起来块头更大或更厉害!它们真的非常危险,所以我们还是不要在它们生活的地方游泳比较好!

你知道吗?

◀ 它们为什么要这么做?

在澳大利亚,近30年间发生过60多起湾鳄伤人事件,其中17人因此丧命。而在另外一些国家和地区,比如加里曼丹或印度,这类事件却几乎很少被记录在案,而事实上,这些地方每年也会发生数十起类似的袭击。大多数受害者都是在河边垂钓或是洗衣服时被突然咬住的,由于这些鳄鱼往往都超过了4米长,因此被它们咬伤往往是致命的。

呀,我的上帝!

哎哟!

呼!还好它没碰我刚洗干净的衣服!

鳄鱼农场

在有些国家和地区,鳄鱼遭到了大量猎杀。人们食用鳄鱼肉,用鳄鱼皮来制作高级皮具,有时候连鳄鱼蛋也成了美味佳肴。在包括泰国在内的一些地区,它们几乎已经完全消失了。而印度建有鳄鱼农场,人们在那里繁育和饲养鳄鱼,其中一些鳄鱼在成年后又被放回到自然保护区,这有效保护了鳄鱼种群的数量。

红腹水虎鱼

这种淡水鱼是南美洲最常见的一种食人鱼。幼鱼在白天异常活跃，而成鱼则习惯在拂晓或黄昏时分捕食。数百条红腹水虎鱼会组成鱼群，一方面更利于抵御掠食者，一方面也方便捕猎。它们主要以小动物为食，有时候也会食用腐肉。它们的牙齿会定期更换，以保证其足够锋利。

动物学分类: 脂鲤目（科）

地域分布: 南美洲

生存环境: 河流

体长: 约50厘米

体重: 约4千克

人类受害者: 很少

有关它们的名字，你还应知道的……

红腹水虎鱼，又叫红腹食人鱼，学名*Pygocentrus nattereri*，在希腊语中是"纳特尔的、尾巴带刺的鱼"的意思。约翰·纳特尔是一位奥地利自然学家。

◀ 它们为什么要这么做？

红腹水虎鱼之所以得到"食人鱼"的名号，是因为它们会攻击所有试图从它们生活的河流中穿过的动物和人类。一群食人鱼能够在短短数分钟内把一头牛吃得干干净净！而一些影视作品中的片段，也使得它们食人怪兽的形象更为深入人心。它们锋利的锯齿状牙齿就像是屠户磨得很快的屠刀。不过，有些时候，我们看到的情形就颇为令人尴尬了，因为这些牙齿往往只是用来撕开渔网、吃掉鱼饵和渔网里的鱼……当然，偶尔也用来咬伤渔夫。

它们真的是罪魁祸首吗？ ▶

其实，红腹水虎鱼的危险系数被夸大了。即使它们会攻击游泳或钓鱼的人，也主要是为了保护自己的孩子不受伤害，所以当有人离得太近的时候，它们便会毫不犹豫地把他咬伤。更多的时候，它们只是一种有益的食腐鱼类，能够把水中漂浮的动物尸骸清理干净，避免河水臭味熏天。

你知道吗？

素食主义者

这些被称为食人鱼的家伙，并非都是凶猛的掠食者！在它们的大家庭中，有些成员是植食性的，它们以水生植物为食（当然，它们的食谱中还会加上一些蠕虫或小型甲壳动物）。另外，植食性食人鱼往往比肉食性食人鱼的个头要大，其中有一些还因为味道独特而成为深受人们喜爱的食物。

大白鲨

动物学分类: 软骨鱼纲鲭鲨目(科)

地域分布: 遍布所有海洋

生存环境: 远海区或海岸附近

体长: 约7米

体重: 约3吨

繁殖: 每两年繁育2~14头幼鲨

寿命: 约70年

人类受害者: 每年超过10人因此丧命

　　大白鲨是海洋中最大的掠食者之一, 它们的腹部是白色的, 背部和所有的鳍都是灰色的。鱼类、其他鲨鱼、海豹和海豚都是它们的食物。与其他种类的鲨鱼不太一样, 大白鲨会把头伸出水外来寻找猎物。在捕猎时, 它们的速度可以在短时间内达到每小时56千米。它们的牙齿在使用过一段时间之后, 也会被锋利的新齿所替换。

有关它们的名字, 你还应知道的……

大白鲨, 学名*Carcharodon carcharias*, 在希腊语中是"长有锋利牙齿的鲨鱼"的意思。

它们为什么要这么做？

有资料显示，大白鲨每年都会对人类发动百余起攻击，而在全世界范围内会有十多人因此丧生，这些人主要都是渔民和冲浪者。大白鲨伤人事件主要发生在美国的佛罗里达海域和澳大利亚海域，因为在这些地方，大白鲨相对更为常见。当然，这些地方是游泳和冲浪爱好者相对集中的地区，这也是导致事故频发的重要原因。

它们真的是罪魁祸首吗？▶

大白鲨在水下逆光条件下，可能会把冲浪者错认成海豹，这可是它们最为喜爱的日常食物！所以，它们会选择先咬一小口尝尝，通常很快会发现自己的错误，便转身离开了。不过，哪怕只是被如此大的大白鲨咬上一小口，也足以导致失血过多而丧命！另外，即使有一丁点儿的血液流到海水中，也足以把正在捕食的大白鲨吸引过来了。当然，对此也不必太过紧张。事实上，即便是在大白鲨经常出没的海域，溺水身亡的风险也远远高于被它们咬死的！

你知道吗？

受保护的掠食者

在澳大利亚，即便大白鲨造成了很多伤人事件，它们依然受到保护。若有大白鲨靠近海岸，人们也总是想方设法把它们赶回远海地区而已。何况，我们并不想消灭它们，但事实却是我们侵入了它们的地盘，这就好像我们不想消灭狮子，但却借口我们无法在非洲自然保护区安全地徒步远足，而把它们关起来一样！大白鲨在海洋生态中扮演着至关重要的角色，位于食物链的顶端。一旦它们真的消失了，一定会引起海洋生物链的失衡。

能让人散架的动物

这些动物可能并没有什么恶意，不过对于这些大块头来说，只要稍不留神就可能造成很严重的后果。所以，大家一定要小心！

河马

动物学分类：哺乳纲偶蹄目河马科

地域分布：热带非洲

生存环境：河流、湖泊、沼泽

体长：约5米

体重：约4.5吨

繁育：一年产1只崽

寿命：约55年

人类受害者：每年数百人因此丧命

　　河马是群居性动物，每群河马约由数十只个体组成。雌河马和小河马会待在一起，而雄河马往往在种群外围活动。它们白天一般在水里度过，喜欢把身体漂浮在水面上，只把眼睛、耳朵和鼻孔露在外边。到了晚上，它们爬到岸上来啃食岸边的青草，有时候也会到农田里寻找食物。河马的领地意识非常强，它们很介意其他动物或人类出现在自己的地盘上。

有关它们的名字，你还应知道的……

河马，学名*Hippopotamus amphibius*，在希腊语中是"河里的马，两栖类"的意思。

哦，它看上去好可爱！

它们为什么要这么做？

河马可不是人畜无害的大型食草动物，这和我们从表面上看到的并不一致。在非洲，河马每年都会夺走数百人的生命，这个数字比狮子的还高！它们不仅不怕人，有时候甚至还会毫无理由地攻击渔船。雄河马长有强有力的牙齿，能够造成严重的伤口。至于雌河马，只要它们觉得有人威胁到了自己的孩子，便会毫不犹豫地扑上前去。

它们真的是罪魁祸首吗？

河马是一种非常强壮的动物，它们的领地意识非常强。所以，请不要出现在它们和深水区之间的位置，也不要从雌河马和小河马中间经过，那都是非常危险的。在动物园，饲养员也会格外注意它们的情绪变化。在非洲，河流附近的人口增长非常迅速，因此人类与河马之间经常发生冲突，以至于很多河马都被杀死了。也许有一天，河马只会出现在几个特定的自然保护区里了。

我最爱吃的食物！谢啦，你是我最喜欢的饲养员！

不过水为什么是热的？我要喝凉水！

我要喝凉水！

你知道吗？

看，这是世界上最好的防晒霜了！

双重功能的"血汗"

曾经，人们认为河马会出"血汗"！事实上，那只是它们的皮肤在太阳下分泌的一种玫瑰色的液体。生物学家发现，这种"血汗"含有抗紫外线和抗菌的双重功能。这对它们来说非常有用，可以避免它们因打斗受伤而引起感染。所以，对河马而言，这些"血汗"既是防晒霜，又是抗生素！

亚洲象

亚洲象的象群，一般由20多头雌象和它们的小象组成，这些雌象之间往往都有血缘关系，它们可能是母女或姐妹。象群由年龄最大的雌象领导，带领其他成员寻找食物和水源。雄象一般都是独自生活，或者组成临时的小群体，它们只有在交配期才会和母象共同生活。大象的食物通常包括青草、树叶和树皮。

动物学分类：哺乳纲长鼻目象科

地域分布：印度和东南亚地区

生存环境：森林

身高：约3米

体重：约4.5吨

繁殖：每三到四年繁育1头幼象

寿命：70~80年

人类受害者：每年数百人

有关它们的名字，你还应知道的……

亚洲象，学名*Elephas maximus*，在拉丁语中是"很大的大象"的意思。

◀ 它们为什么要这么做？

在泰国、缅甸、斯里兰卡和印度这几个大象数量众多的国家，每年被大象袭击致死的人数超过400人，其中很多都是试图保护自家的甘蔗或香蕉不被象群所破坏的农民。同时，这些大象每年还会毁坏成千上万座房屋。此外，在非洲的一些国家，每年的收成也都会因大象破坏而减产10%。

它们真的是罪魁祸首吗？ ▶

据估算，在亚洲一共有3万~4万头大象。由于人类活动的影响，大象的领地变得越来越小，大象也越来越倾向于走出森林觅食。人们试图通过挖掘壕沟或者种植辣椒的方式来驱逐它们，但仍然无法阻止它们的脚步。作为报复，每年会有100多头大象被人类杀死。在非洲，大象是受到保护的，所以数量增长也十分迅速，与此同时，农民开发越来越多的土地用来耕种，这也导致了人与大象之间的冲突升级。

你知道吗？

严格禁止的贸易

无论是在亚洲还是非洲，都有很多大象被偷猎者所猎杀，而这些人的目标其实是象牙。到了20世纪末的时候，大象的数量急剧下降。从1990年起，象牙贸易在全球范围内被禁止，这在一定程度上保障了大象种群的发展，甚至在有些地区出现了大象数量过多的情况。不过，偷猎的问题并没有真正得到解决，还会有人铤而走险，一切仍然是因象牙而起的。

非洲水牛

非洲水牛是非洲大草原独有的一种野生牛科动物。牛群通常由几十头甚至上百头母牛和它们的牛犊组成。青壮年公牛通常都会组成小群体共同生活，但每逢交配期，它们会通过相互对抗来争取母牛的交配权。年老的公牛往往会落单。非洲水牛以啃食青草为生，每天还需要补充水分。非洲水牛长有强有力的犄角，能够向狮子发起进攻，而那也是它们最主要的敌人。

动物学分类: 哺乳纲偶蹄目牛科

地域分布: 撒哈拉沙漠以南的非洲地区

生存环境: 大草原、沼泽

身高: 约1.7米

体重: 约900千克

繁殖: 每胎1头小牛

寿命: 约30年

人类受害者: 每年200人因此丧命

有关它们的名字，你还应知道的……

非洲水牛，学名*Syncerus caffer*，在希腊语中是"犄角相连的牛，来自非洲南部"的意思。

它们真的是罪魁祸首吗？ ▶

狩猎爱好者很喜欢向不明就里的人们兜售那些人类被非洲水牛袭击致死的故事，但其实很多情况下他们受伤都是咎由自取的。这些猎人还会把非洲水牛列为非洲草原上最危险的五种动物之一，其余四种是狮子、大象、猎豹和犀牛。他们自动忽略了鳄鱼、蛇和蚊子，因为这些动物并不是他们喜欢的狩猎对象！

◀ 它们为什么要这么做？

非洲水牛通常被认为是非洲地区最令人生畏的动物之一。在交配期，公牛极具攻击性。而母牛对于小牛的保护也近乎疯狂。一旦感受到威胁，它们会以接近每小时60千米的速度冲过来。有时候也可能是一群水牛同时冲向敌人。它们的犄角和蹄子都能造成很严重的伤害，每年都会有几百人因为遭受非洲水牛攻击而丧命。

你知道吗？

危险的家畜

家养的牛也经常会造成一些伤人事件，而受害者往往都是它们的饲养者。在美国，畜牧养殖甚至成了最危险的职业之一，因为由此引发的严重事故的比例要高出平均值的10倍。每年都有数十人丧生于牛或马的蹄下，尤其是当它们成群出现的时候。值得一提的是，体形最大的公牛，体重能达到两吨左右！

野猪

野猪外形略像家猪，嘴更长，犬齿突出口外，性情凶猛。一般来说，母野猪会带着小野猪一起过群居生活，成年的公野猪则一般选择独居，只有在发情期才会加入母野猪群。野猪会根据环境的不同来选择在白天或者夜晚活动。食谱也很广泛，树根、蘑菇、野果、鲜花、鸟蛋、昆虫、小型啮齿动物和动物尸骸，都能成为它们的美餐。

动物学分类: 哺乳纲偶蹄目猪科

地域分布: 欧洲和亚洲（除了北半球最北地区）

生存环境: 森林、草原、潮湿的地方

体长: 约2.4米

体重: 约210千克

繁殖: 每年一胎，每胎产5~8只崽

寿命: 约10年

人类受害者: 很少

有关它们的名字，你还应知道的……

野猪，学名*Sus scrofa*，在拉丁语里是"种猪"的意思。在法语里，它们的名字"**Sanglier**"是由单词singulier衍化而来的，意思是"独居的"，此外，雌野猪被称为laie，小野猪则被叫作marcassin。

现在，立刻把你手里的香肠放下，然后离开这儿！

◀ 它们为什么要这么做？

野猪有时候会攻击在森林中徒步的人：公野猪极具攻击性，尤其是在发情期；而母野猪对小野猪的保护也是无所不用其极。公野猪上颌的犬齿较短，而下面的两颗犬齿则长而锋利，能够造成很严重的伤害。被野猪攻击后，如果没有得到很好的救治，就会失去生命。

它们真的是罪魁祸首吗？ ▶

在法国，大多数的伤害事件与狩猎有关：受伤的野猪会拼死反抗。更糟糕的是，一个猎人误伤或误杀掉另一个猎人的事件也时有发生。这么看起来，猎人远比野猪要危险得多！另外，由于城市不断地扩张，有些市郊地区已经侵占了野猪的地盘，导致人们很有可能与野猪在街道上狭路相逢！

是他先动手的！

你知道吗？

致命的撞击

野猪、狍子、鹿……这些动物每年都会被卷入超过6万起交通事故之中，十余人会因此类事件丧生。但如果要说过错的话，司机们开车的速度过快也是不能回避的事实！这些动物经常在拂晓或黄昏时分出没，而此时的能见度相对较差。在深夜里，它们同样无法避开汽车，因为在车灯的强光照射下，它们看不到任何东西。

双垂鹤鸵

动物学分类: 鸟纲鹤鸵目

地域分布: 澳大利亚、巴布亚新几内亚

生存环境: 森林

身高: 约1.8米

体重: 约70千克

繁殖: 每年产卵一次，产4~8枚卵

寿命: 约40年（人工养殖）

人类受害者: 很少

和鸵鸟一样，双垂鹤鸵也属于走禽。它们善于行走和疾驰，但不会飞行，这是因为它们翅膀短小、身体很重。它们的头骨长的一种很特别的骨质脊顶，被称为"冠"。当它们在森林中以每小时50千米的速度奔跑时，它们的头冠和厚实的羽毛能帮它们降低撞击所带来的伤害。双垂鹤鸵主要以水果为食，有时也会吃昆虫和小动物。

有关它们的名字，你还应知道的……

双垂鹤鸵，学名*Casuarius casuarius*，而这个名字完全是由它们的俗名**casoar**派生出来的，后者来源于这种鸟在古老的新几内亚语中的名字**kasuwāri**。

破纪录啦!

它们为什么要这么做? ◀

在澳大利亚,双垂鹤鸵被认为是很危险的动物。事实上,它们偶尔会对人或狗发起攻击,也有可能造成很严重的伤害。这些又高又笨重的大鸟拥有强健的足和宽大的脚掌,它们的趾甲就像是锋利的长爪。在打斗时,它们会将长爪用力向前蹬出,以便把敌人开膛破肚。双垂鹤鸵有时候还会攻击慢跑的人,因为跑步的嘈杂声会让它们神经紧张。

它们真的是罪魁祸首吗? ▶

上一次发生双垂鹤鸵伤人致死的事件,还要追溯到1926年! 那时,一个猎人在追逐双垂鹤鸵时不小心滑倒了,因而被它们踩踏而死。至于它们对慢跑者的仇视,可能只是个城市传说罢了! 事实上,最近发生的一些受伤事件与人们在森林中投喂这些大鸟有关。这个举动会让它们变得不那么惊慌,反而更有攻击性了。为了得到更多的食物,它们会毫不犹豫地啄咬、扭绞、推搡,甚至踩踏喂食者! 而更多的时候,双垂鹤鸵才是受害者,它们无时无刻不受到家园被毁和被猎杀的困扰。

宝贝!
宝贝!
宝贝!

你知道吗?

噢,多么美妙的叫声!

突然的啄食

我们所熟知的鸵鸟比双垂鹤鸵更大更笨重,因此饲养者在面对它们时需要更加小心。鸵鸟不喜欢有人进入它们的领地,不过在冲向入侵者之前,它们会先通过喘粗气般地嘶叫、用力拍打翅膀或双足原地蹬踏等方式来发出警告。有时候,它们并不是故意伤人,只不过是不小心把人撞翻在地,没留神从人身上踩了过去,或是想要啄食人们衣服上的鲜艳纽扣而已!

网纹蟒

网纹蟒生活在东南亚潮湿的森林中。雌性会比雄性更大一些，最长可以达到10米，这让它们能够轻而易举地杀死和吞食掉小鹿、野猪或猴子，而这些也是它们的日常食物。像大多数的蛇类一样，网纹蟒也喜欢独处。雌蟒在孵化过程中对它们的卵可谓呵护备至，但一旦幼蟒破壳而出，它们便会果断离开。

动物学分类: 爬行纲有鳞目

地域分布: 东南亚

生存环境: 潮湿的森林中

体长: 约10米

体重: 约160千克

繁殖: 每年产卵一次，每次产25~80枚卵

寿命: 约25年（人工养殖）

人类受害者: 很少

有关它们的名字，你还应知道的……

网纹蟒，学名*Python reticulatus*。其中python是希腊神话中一条巨蛇的名字，而**reticulatus**则是"身上装饰有网状花纹"的意思。

你的披肩真漂亮!

◀ 它们为什么要这么做?

网纹蟒是极少数能够吞食人类的爬行动物之一。无论是野生的还是人工饲养的,它们都可以置人于死地。它们喜欢守株待兔,一旦有猎物自己送上门来,它们便会立刻扑上去,把对方死死缠住,然后慢慢收紧。它们的名字就来自它们超强的绞杀力。随着收紧力度的增加,猎物便会慢慢窒息,它们胸腔的骨骼也会被挤成碎片。这种会让受害者缓慢死亡的捕猎方式,使网纹蟒饱受指责。

它们真的是罪魁祸首吗? ▶

人们误认为网纹蟒非常具有攻击性,实际上它们很少主动发起攻击。大多数伤人事件都发生在住宅和房屋之内,而且大都是爬行动物爱好者或其家庭成员被它们错当成了捕食目标! 对于一条5米长的网纹蟒来说,3岁左右的孩童会是它们很理想的猎物。而在大自然当中,网纹蟒往往才是受害者。它们经常遭到猎杀,因为它们的皮能够用来制成高档的皮包或表带。

你知道吗?

晚安,亲爱的!

新兴的宠物

在新兴的宠物当中,我们发现了很多危险动物的身影:蟒蛇、毒蛇、蝎蜥、毒蜘蛛、蜈蚣……还有石头鱼和蓝环章鱼。对于很多发烧友来说,危险也是他们拥有这些动物的乐趣之一。但由于大量地被收藏爱好者拿来填充家中的玻璃容器,有些动物甚至面临灭绝的风险。

极其危险的动物

这个星球上最危险的物种，当属人类。无论是对于其他动物，还是对于他们本身来说，都是如此！但同时，人类也可以最善于保护和救助其他动物和植物，这就要看人类如何选择了！

人类

人类是一种与众不同的灵长目动物，是唯一真正双足行走的灵长类，也是唯一脚趾不具备抓握能力的灵长类，而且身体上几乎完全没有皮毛覆盖。他们的食物种类非常复杂，会因为地域、年龄、职业和宗教信仰等因素的不同而差异明显。他们拥有完善的语言体系、制造复杂工具的能力、运动的天赋和哲学的思维。

动物学分类：哺乳纲灵长目人科

地域分布：陆地

生存环境：非常多样化

身高：1.5~2米

体重：50~100千克

生育：一对夫妇会生育两三个孩子，有时可能会更多

寿命：最长可达到120多岁

人类受害者：数百万甚至更多

有关它们的名字，你还应知道的……

现代人类，学名*Homo sapiens*，在拉丁语中是"智人，智者"的意思。

他们真的是罪魁祸首吗？ ▶

当然，人类也可以变得很无私。他们可以对自己的同胞很友善，帮助他们，安慰他们，照顾他们，给他们提供一切所需的东西，不求回报。他们创作艺术品、撰写小说、拍摄电影，来表达他们对生活的热爱。还有一些人一直致力于其他物种和环境的保护工作。

◀ 他们为什么要这么做？

人类并不是唯一一种对同类也会表现出侵略性的物种，不过他们使这种侵略性上升到了前所未有的高度。由人类发动的战争动辄造成数百万人的死亡。此外，人类的活动往往会污染环境、破坏生态，也使得很多其他物种无家可归。他们对待自己饲养的动物也并不总是那么友善，尤其是对那些猪和鸡。

懂得选择的"大猴子"

虽然程度有所不同，但人类的一些优点和缺点也同样体现在了我们的近亲——类人猿的身上。黑猩猩之间也会出现暴力争斗，但它们同样会表现出利他的一面。它们也能制造简单的工具，嬉笑玩耍。之所以存在这些相似之处，是因为我们拥有共同的祖先，他们也曾生活在距今七八百万年前。但是，我们的智力水平让我们懂得如何选择，这是其他物种无法做到的。只要我们愿意，我们能够选择保护而不是破坏我们的地球！

我杀气腾腾